小手翻开 大世界

呱呱童书

100种
孩子感兴趣的
鸟和昆虫

倚天文化/编

吉林摄影出版社
·长春·

U0155512

目录

tiān é zhǎng zhe xiū cháng de bó jǐng xuě
天鹅长着修长的脖颈、雪
bái de yǔ máo shì yī zhǒng zhuāng zhòng de niǎo
白的羽毛，是一种庄重的鸟。
yóu yú tǐ xíng bǐ jiào dà tiān é fēi xíng shí
由于体形比较大，天鹅飞行时
huì huǎn màn de shān dòng chì bǎng zài shuǐ miàn shang
会缓慢地扇动翅膀，在水面上
yóu yǒng shí yě hěn yōu rán wěn zhòng
游泳时也很悠然稳重。

tiān   é
天 鹅

你知道吗?
由于天鹅的身体较重，所以起飞前要先在水里或地面上助跑一段距离。

1

大雁
dà yàn

dà yàn shì yī zhǒng cháng jiàn de dà xíng niǎo
大雁是一种常见的大型鸟，
huì zài měi nián qiū tiān chéng qún de cóng běi fāng fēi wǎng
会在每年秋天成群地从北方飞往
nán fāng guò dōng   lǚ tú zhōng   tā men bù duàn de
南方过冬。旅途中，它们不断地
biàn huàn   yī   zì huò   rén   zì duì xíng
变换"一"字或"人"字队形，
zhè yàng néng ràng hòu miàn de dà yàn lì yòng qián miàn chéng
这样能让后面的大雁利用前面成
yuán fēi xíng shí chǎn shēng de   qì liú   jié shěng tǐ lì
员飞行时产生的气流，节省体力。

你知道吗？

在迁徙队伍中，因为领头雁没有可以利用的气流，很容易疲劳，所以雁群在迁徙途中会经常更换领头雁。

雪雁
xuě yàn

xuě yàn de yǔ máo shì bái sè de   chì bǎng
雪雁的羽毛是白色的，翅膀
yǒu huī yǔ   shuāng chì kuān dà   jiǎo shang yǒu pǔ
有灰羽，双翅宽大，脚上有蹼，
shì yóu shuǐ de gāo shǒu   měi nián huàn yǔ shí   tā
是游水的高手。每年换羽时，它
men de yǔ máo huì yī cì xìng quán bù tuō luò   zài
们的羽毛会一次性全部脱落，在
zhè duàn shí jiān yě huì wán quán sàng shī fēi xíng néng lì
这段时间也会完全丧失飞行能力。

你知道吗？

雪雁迁徙的路线和飞机航线一样精确，一旦确定了路线，它们会年复一年地沿同一条路线飞行。

xìn tiān wēng shì yī zhǒng dà xíng hǎi niǎo zuǐ ba
信天翁是一种大型海鸟，嘴巴
jiān duān dài gōu liǎng cè yǒu guǎnzhuàng de bí kǒng tā
尖端带钩，两侧有管状的鼻孔。它
men chángcháng de chì bǎng fēi cháng lì yú gāo kōng fēi xiáng
们长长的翅膀非常利于高空飞翔
hé hǎi miàn huá xiáng zhǎn kāi cháng dù kě dá mǐ
和海面滑翔，展开长度可达3~4米，
xìn tiān wēngzhōng de piāo bó xìn tiān wēng shì shì jiè shang yì
信天翁中的漂泊信天翁是世界上翼
zhǎn zuì cháng de niǎo lèi
展最长的鸟类。

xìn tiān wēng
信天翁

你知道吗？

信天翁雌鸟一次只产一枚蛋，
经过 3 个月左右才可以将蛋孵化。

海鸥 hǎi ōu

海鸥是一种常见的海鸟，羽毛为灰白色。它们喜欢吃鱼虾、蟹和贝类。因为常拣食航船上的残羹剩饭，所以又被称为"海港清洁工"。

海鹦 hǎi yīng

海鹦长着一张三角形的大嘴巴，上面有像年轮一样的沟。它们呆萌可爱，面部像鹦鹉一样颜色鲜艳，因此被称为海鹦。

你知道吗？

海鹦一次可以捕捉很多条小鱼，它们有时会将小鱼含在嘴中，带给雏鸟吃。

jūn jiàn niǎo shì yī zhǒng dà xíng hǎi niǎo
军舰鸟是一种大型海鸟，
shì niǎo lèi zhōng de fēi xíng guàn jūn xióng jūn jiàn
是鸟类中的飞行冠军。雄军舰
niǎo de xiōng qián zhǎng yǒu hóng sè hóu náng měi dào
鸟的胸前长有红色喉囊，每到
fán zhí jì jié tā men huì jiāng hóu náng péng zhàng
繁殖季节，它们会将喉囊膨胀
chéng qì qiú de yàng zi yǐ cǐ lái xī yǐn cí
成气球的样子，以此来吸引雌
jūn jiàn niǎo de zhù yì
军舰鸟的注意。

jūn jiàn niǎo
军舰鸟

你知道吗?

军舰鸟的羽毛没有防水功能，不能下海捕食，所以它们会抢夺其他海鸟的食物，也被称为"强盗鸟"。

北极燕鸥
běi jí yàn ōu

北极燕鸥的头上"戴"了个"黑头盔"，嘴巴又尖又长。它们善于飞行，每年在两极之间往返，行程达数万千米，是迁徙路线最长的鸟类。

你知道吗？

北极燕鸥的生命力很顽强，寿命普遍在 20 年以上，也曾有北极燕鸥的寿命达到 34 年的记录。

海 燕
hǎi yàn

海燕长得很小，比成年人的手掌大不了太多，飞翔时身轻如燕，因此得名海燕。它们有着宽大有力的翅膀，是杰出的飞行家，能够连续飞行好几个月都不降落。

qǐ é de zhǒng lèi hěn duō hēi bái dā pèi
企鹅的种类很多，黑白搭配
de wài yī ràng tā men kàn qǐ lái hěn xiàngchuān
的"外衣"让它们看起来很像穿
zhe yàn wěi fú de shēn shì tā men de chì bǎng bù
着燕尾服的绅士。它们的翅膀不
jù bèi fēi xíng gōngnéng què shì yóu yǒng huá shuǐ shí
具备飞行功能，却是游泳划水时
de hǎo gōng jù
的好"工具"。

qǐ   é
企 鹅

你知道吗？

繁殖季节，雄企鹅会精心挑选石头搭窝，还会
准备一块儿漂亮光滑的鹅卵石送给雌企鹅。

中华秋沙鸭
zhōng huá qiū shā yā

中华秋沙鸭是中国特有的一种野鸭，嘴巴尖端带钩，头顶有一撮飘逸的"发丝"。它们有着比普通秋沙鸭更完美的流线型身体，飞行和游水都更快一些。

你知道吗？

中华秋沙鸭不筑巢，喜欢把家安在树洞中，冬天会飞过崇山峻岭到长江以南的地区过冬。

鸳鸯
yuān yāng

鸳鸯是小型水禽，和鸭子是近亲，大多数都有着艳丽的羽毛。它们在水上、陆地上都能生活，常常成双成对地出现，因此，人们常用鸳鸯来比喻恩爱的夫妻。

你知道吗？

人们常看到鸳鸯栖息在浅滩边，但其实它们的飞行能力也很强，有的鸳鸯还会栖息在树上呢。

dān dǐng hè yòu jiào xiān hè yǒu
丹顶鹤又叫"仙鹤",有
zhe xiū cháng de bó jǐng hé jié bái de yǔ máo
着修长的脖颈和洁白的羽毛,
shēn cái xiān xì dòng zuò yōu yǎ tā men cháng
身材纤细,动作优雅。它们常
zài huáng hūn huò qīng chén shí zhǎn kāi shuāng chì biān
在黄昏或清晨时展开双翅,边
piān piān qǐ wǔ biān yǐn jǐng gāo gē
翩翩起舞,边引颈高歌。

dān dǐng hè
丹顶鹤

你知道吗?

丹顶鹤常常单腿站立,将另一条腿藏在身子下面。这样做既是为了保暖,也是为了遇到危险时能迅速逃跑。

huǒ liè niǎo shì yī zhǒng dà xíng shuǐ qín quán shēn yǔ máo chéng fěn
火烈鸟是一种大型水禽，全身羽毛呈粉
hóng sè dāng chéng qún de huǒ liè niǎo zài shuǐ biān xiū xi mì shí shí
红色。当成群的火烈鸟在水边休息、觅食时，
yuǎn yuǎn wàng qù jiù xiàng yī piàn rán shāo de liè huǒ duì huǒ liè niǎo lái
远远望去就像一片燃烧的烈火。对火烈鸟来
shuō yǔ máo yán sè yuè xiān yàn shēn tǐ yuè jiàn zhuàng
说，羽毛颜色越鲜艳，身体越健壮。

huǒ liè niǎo
火烈鸟

你知道吗?

火烈鸟幼鸟的羽毛是灰白色的，因为长期吃一些带
有虾青素的浮游生物和藻类，羽毛才变成了粉红色。

鸬鹚 lú cí

鸬鹚的羽毛是黑色的，闪着褐色的金属光泽。它们非常善于潜水，能潜入水下十几米深。因此，鸬鹚自古以来就被人们驯养用来捕鱼。

你知道吗？

鸬鹚潜入水中时，翅膀也可以帮助脚蹼划水，这使它们能迅速地捕捉到鱼类。

鹈鹕 tí hú

鹈鹕有一张大嘴，嘴巴下长着喉囊。这个喉囊看着很单薄，实际却很结实，可以用来兜很多食物。

白鹳 bái guàn

白鹳是一种大型鸟，翅膀很宽大，末端为黑色，一般生活在平原、草地和沼泽地带。在中国，白鹳已经被列为国家一级重点保护野生动物。

你知道吗？

白鹳的巢一般建在高高的树杈上，由干树枝和干草搭成，中间低，四周高，像一个大盆。

朱鹮 zhū huán

朱鹮身披白羽，翅膀和尾羽略带粉红色，再加上朱红的脸和黑色的长嘴，样子十分惹人喜爱。

bái lù hún shēn xuě bái shēn cái xiū cháng zuǐ yòu cháng
白鹭浑身雪白，身材修长，嘴又长
yòu jiān hěn duō shí hou tā men kàn sì zài shuǐ biān yōu xián
又尖。很多时候，它们看似在水边悠闲
de sàn bù qí shí yǎn jing zhèng jǐn dīng zhe shuǐ miàn yī dàn
地散步，其实眼睛正紧盯着水面，一旦
fā xiàn liè wù jiù huì xùn sù yòngcháng zuǐ chū jī
发现猎物，就会迅速用长嘴出击。

你知道吗？

在繁殖期，雄性白鹭背部会长出形状
像蓑衣一样长而蓬松的羽毛。它们会高高
竖起这些"蓑毛"，来吸引雌性的注意。

bái lù
白鹭

13

cāng lù tǐ xíng bǐ bái lù dà tuǐ hé jǐng
苍鹭体形比白鹭大，腿和颈
bù yě gèngcháng tā men de shēn tǐ chéngqīng huī sè
部也更长。它们的身体呈青灰色，
jǐng bù wéi huī bái sè tóu shangzhǎng yǒu yǔ guān
颈部为灰白色，头上长有羽冠。
cāng lù zhǔ yào yǐ xiǎo xíng yú lèi hé qí tā shuǐshēng
苍鹭主要以小型鱼类和其他水生
dòng wù wéi shí tè bié jī è shí yě huì bǔ shí
动物为食，特别饥饿时也会捕食
lǎo shǔ yě tù děng bǔ rǔ dòng wù
老鼠、野兔等哺乳动物。

cāng   lù
苍   鹭

你知道吗？

苍鹭捕食时很有耐心，有时可以连续
几个小时站在一个地方等待猎物的出现。

14

鸵鸟
tuó niǎo

你知道吗?

鸵鸟的羽毛不像其他鸟的羽毛有防水功能，一旦淋雨，就会湿透。

tuó niǎo shì shì jiè shang zuì dà
鸵鸟是世界上最大、
zuì zhòng de niǎo　　suī rán shì niǎo
最重的鸟。虽然是鸟，
dàn tuó niǎo bìng bù huì fēi　　tā men
但鸵鸟并不会飞，它们
píng jiè cháng tuǐ hé dà jiǎo　chéng le
凭借长腿和大脚，成了
niǎo lèi zhōng de pǎo bù guàn jūn
鸟类中的跑步冠军。

ér miáo
鸸鹋

ér miáo shì jǐn cì yú tuó niǎo de dì èr dà niǎo shì
鸸鹋是仅次于鸵鸟的第二大鸟，是
ào dà lì yà zuì yǒu dài biǎo xìng de dòng wù zhī yī   ér miáo
澳大利亚最有代表性的动物之一。鸸鹋
hé tuó niǎo yī yàng   chì bǎng yǐ jīng tuì huà   wú fǎ fēi xiáng
和鸵鸟一样，翅膀已经退化，无法飞翔，
dàn shàncháng bēn pǎo hé kuà yuè
但擅长奔跑和跨越。

jī wéi niǎo
几维鸟

jī wéi niǎo shēn tǐ xiǎo ér cū duǎn   zuǐ
几维鸟身体小而粗短，嘴
yòu cháng yòu jiān   tuǐ bù hěn qiáng zhuàng   yīn
又长又尖，腿部很强壮。因
wèi chì bǎng tuì huà   suǒ yǐ wú fǎ fēi xíng
为翅膀退化，所以无法飞行。
jī wéi niǎo shì xīn xī lán de tè yǒu niǎo lèi
几维鸟是新西兰的特有鸟类，
bèi kàn zuò shì xīn xī lán de guó niǎo
被看作是新西兰的国鸟。

孔雀的羽毛五颜六色，长长的尾羽打开时就像一把华丽的大扇子，十分令人惊叹。雄孔雀长有多彩的尾屏，它们常常会将尾屏展开，并震动翅膀，在雌孔雀面前"表演"。

kǒng què
孔雀

你知道吗？

孔雀一般是雄性会开屏，雌性不会开屏。雄孔雀开屏除了可以吸引雌孔雀的注意，还能用来吓退敌人。

hè mǎ jī de nǎo dai hòu miàn yǒu liǎng cù tū chū de xuě bái róng máo xiàng
褐马鸡的脑袋后面有两簇突出的雪白绒毛，像
yī duì er bái jī jiǎo yīn cǐ yòu bèi chēng wéi jiǎo jī tā men de wěi
一对儿白特角，因此又被称为"角鸡"。它们的尾
yǔ jiào cháng zhěng gè qiào qǐ shí xiàng shù qín yī yàng fēi cháng piào liang
羽较长，整个翘起时像竖琴一样，非常漂亮。

hè mǎ jī
褐马鸡

你知道吗？

褐马鸡的翅膀较短，因此不善
于飞行。但是它们的两条腿又粗又
壮，跑起来健步如飞。

红腹锦鸡

hóng fù jǐn jī

你知道吗？

红腹锦鸡喜欢集体生活，经常成群活动，在秋冬季节，有时一个红腹锦鸡群的成员数量能达到 30 多只。

hóng fù jǐn jī shì zhōng guó de tè
红腹锦鸡是中国的特
yǒu niǎo lèi xióng niǎo de yǔ sè fēi cháng
有鸟类，雄鸟的羽色非常
xuàn lì gè zhǒng yán sè hù xiāng yìng chèn
绚丽，各种颜色互相映衬，
jiù hǎo xiàng pī zhe cǎi hóng zuò chéng de jǐn
就好像披着彩虹做成的锦
duàn shí fēn guāng cǎi duó mù
缎，十分光彩夺目。

白鹇
bái xián

白鹇雌鸟和雄鸟的差别很大。雌鸟体形较小，羽毛的颜色以褐色为主；雄鸟体形较大，羽毛洁白，尾羽长而飘逸。白鹇深居高山密林之中，被古人看作是祥瑞的象征。

你知道吗?

雷鸟有一项会随季节变换羽毛颜色的"绝技"。它们的羽毛在冬天呈白色，在夏天呈褐色，这样可以更好地保护自己。

雷鸟
léi niǎo

雷鸟生活在高寒地带，它们身体矮胖，看上去很可爱。雷鸟的眼睛上方有一个肉冠，当雄雷鸟的肉冠膨大，呈现鲜红色时，就是它们在吸引雌雷鸟的注意了。

gē zi
鸽 子

鸽子是一种很常见的鸟，它们有惊人的导航能力，能靠太阳位置和地球磁场确定飞行方向，所以很早以前就成了人们的"通信兵"。

你知道吗？

大多数鸽子都能从很远的地方返回栖息地。受过训练的信鸽甚至可以在一天之内从上百千米外飞回家中。

zǒu juān
走 鹃

走鹃的羽毛短而蓬松，颜色为褐色和白色相间。它们的胸肌和翅膀肌肉不发达，天生不擅长飞行，但走路速度能达到每小时 30 千米。走鹃也因为这个特点在动物界声名远扬。

白头海雕
bái tóu hǎi diāo

bái tóu hǎi diāo yīn tóu bù de yǔ máo shì
白头海雕因头部的羽毛是
bái sè ér dé míng　　tā men fēi cháng xiōng měng
白色而得名。它们非常凶猛，
jīng cháng zài bàn kōng zhōng xiàng yī xiē jiào xiǎo de
经常在半空中向一些较小的
niǎo lèi fā qǐ gōng jī　hái cháng cóng bié de niǎo
鸟类发起攻击，还常从别的鸟
kǒu zhōng duó shí
口中夺食。

你知道吗？

作为美国的国鸟，白头海雕深受美国人民的喜爱，
很多重要的徽章上都有它们的肖像。

金　雕
jīn　　　diāo

jīn diāo xìng qíng xiōng měng　bǔ liè shí háo
金雕性情凶猛，捕猎时毫
bù liú qíng　jù dà de chì bǎng kě yǐ ràng tā
不留情。巨大的翅膀可以让它
men yǒu lì de fēi xíng　gōu zi yī yàng de zuǐ
们有力地飞行，钩子一样的嘴
hé fēng lì de zhuǎ zi néng xiàng dāo zi yī yàng cì
和锋利的爪子能像刀子一样刺
jìn liè wù de shēn tǐ　zhè shǐ hěn duō dòng wù
进猎物的身体，这使很多动物
duì jīn diāo dōu bì ér yuǎn zhī
对金雕都避而远之。

游隼
yóu sǔn

游隼经常会袭击一些低空飞鸟,所以人们有时会在机场附近饲养游隼来驱赶其他飞鸟,以降低飞鸟与飞机相撞的概率。

yóu sǔn shì zhōng xíng měng qín   tā
游隼是中型猛禽,它
men de chì bǎng cháng ér jiān   shàn cháng jí
们的翅膀长而尖,擅长疾
sù fēi xíng   zài yóu gāo kōng xiàng dì miàn
速飞行,在由高空向地面
fǔ chōng de guò chéng zhōng   sù dù gèng shì
俯冲的过程中,速度更是
kuài de jīng rén   bèi chēng wéi niǎo lèi zhōng
快得惊人,被称为鸟类中
de   zhàn dòu jī
的"战斗机"。

23

tū jiù
秃鹫

秃鹫是大型猛禽，常栖息在高山、丘陵和荒漠地带。吃腐肉是秃鹫最大的特点，它们可以大量消灭高山荒野中的动物尸体，进而防止疾病传播。

你知道吗？

腐肉中含有大量的病菌，但秃鹫的胃里有非常强大的胃酸，可以消灭大部分病菌，所以它们才"百毒不侵"。

shé jiù
蛇鹫

蛇鹫是猛禽家族中唯一拥有大长腿的成员。这长长的双腿看着很纤细，却威力巨大，用力一踢可以对猎物产生极大的杀伤力。

你知道吗？

和很多猛禽飞行觅食不同，蛇鹫一般是行走觅食。它们常用脚踩压猎物，使其无法动弹。

māo tóu yīng yīn wèi tóu zhǎng de xiàng māo ér dé míng   tā men
猫头鹰因为头长得像猫而得名，它们
dà duō shù dōu xǐ huan zhòu fú yè chū   fēi fán de shì lì hé mǐn
大多数都喜欢昼伏夜出，非凡的视力和敏
ruì de tīng lì ràng tā men zài hēi àn zhōng yě néng qīng sōng zhǎo dào liè
锐的听力让它们在黑暗中也能轻松找到猎
wù   māo tóu yīng líng huó de bó zi jī hū kě yǐ   zhuǎn
物。猫头鹰灵活的脖子几乎可以 270° 转
dòng   néng guān chá dào gèng dà fàn wéi de huán jìng
动，能观察到更大范围的环境。

māo tóu yīng
猫头鹰

你知道吗？

猫头鹰的主要食物是鼠类，它们通常会将
食物整个吞进肚里，再将不能消化的骨骼、毛
发等残渣汇集成"食丸"吐出来。

雪鸮
xuě xiāo

你知道吗？

和绝大多数猫头鹰"夜猫子"的习性不同，雪鸮经常在白天出来活动。

xuě xiāo shì māo tóu yīng dà jiā zú zhōng de yī yuán shēng huó
雪鸮是猫头鹰大家族中的一员，生活
zài bīng tiān xuě dì de běi jí fù jìn tā men tōng tǐ bái sè yǒu
在冰天雪地的北极附近。它们通体白色，有
de shēnshang bù mǎn àn sè de héng wén lián jiǎo yě bèi yǔ máo fù
的身上布满暗色的横纹，连脚也被羽毛覆
gài zhe hǎo xiàngchuān le xuě dì xuē suǒ yǐ bù jù yán hán
盖着，好像穿了"雪地靴"，所以不惧严寒。

戴胜
dài shèng

dài shèng tǐ sè xiān míng　　tóu dǐng zhǎng yǒu yǔ guān
戴胜体色鲜明，头顶长有羽冠，
dāng shòu dào jīng xià huò hé tóng bàn dǎ jià shí　　yǔ guān jiù
当受到惊吓或和同伴打架时，羽冠就
huì shù qǐ bìng zhǎn kāi　　fǎng fú zài xià hu hé jǐng gào duì
会竖起并展开，仿佛在吓唬和警告对
fāng　　bié rě wǒ
方：别惹我！

你知道吗？

　　戴胜雌鸟在孵卵期间会分泌一种
具有恶臭气味的黑棕色油液，因此还
被称为"臭姑姑"。

啄木鸟
zhuó mù niǎo

zhuó mù niǎo zhǎng zhe　yī zhāng fēng lì yòu jiē shi de zuǐ ba
啄木鸟长着一张锋利又结实的嘴巴，
kě yǐ zhuó kāi shù pí　　zuǐ ba li dài cì de shé tou néng xiàng yú
可以啄开树皮，嘴巴里带刺的舌头能像鱼
gōu yī yàng　diào　chóng zi　　zhuó mù niǎo yī tiān kě yǐ chī shàng
钩一样"钓"虫子。啄木鸟一天可以吃上
qiān tiáo chóng zi　　shì míng fù qí shí de　　sēn lín yī shēng
千条虫子，是名副其实的"森林医生"。

yīng wǔ zhǎng zhe sè cǎi xuàn lì de
鹦鹉长着色彩绚丽的
yǔ máo fēi xiáng shí jiù xiàng bīn fēn de
羽毛，飞翔时就像缤纷的
cǎi hóng tā men fēi cháng cōng míng shàn
彩虹。它们非常聪明，善
yú mó fǎng rén lèi de yǔ yán gěi rén
于模仿人类的语言，给人
men dài lái le hěn duō kuài lè
们带来了很多快乐。

yīng wǔ
鹦 鹉

你知道吗？

其实鹦鹉并不理解人类的语言，它们之所以能模仿人类发声，是因为长有特殊的鸣管和舌头。

犀鸟 xī niǎo

犀鸟有一张长而弯的嘴，头上长着坚硬的盔突。这个盔突看上去很笨重，其实内部是空的，可以减轻身体的重量。

你知道吗？

犀鸟喜欢吃植物的果实，进食时会用嘴把食物抛到空中，叼住后吞下去，再把难以消化的果核吐出来。

翠鸟 cuì niǎo

翠鸟的羽毛翠蓝发亮，在阳光下闪烁着耀眼的光芒。它们是捕鱼高手，捕鱼时会像闪电一样冲入水里，再衔着战利品"嗖"地一下钻出来。

你知道吗？

翠鸟善于打洞，通常会选择在水边的土壁上打洞筑巢，被称为鸟类中的"隧道专家"。

dù juān
杜 鹃

你知道吗？

杜鹃一般不会筑巢，它们经常把蛋产在其他鸟的窝里，让别的鸟代替自己孵蛋、喂养雏鸟。

dù juān de shēn tǐ chéng huī sè   wěi yǔ shang yǒu
杜鹃的身体呈灰色，尾羽上有

bái sè bān diǎn   fù bù yǒu xì xì de hēi sè héng wén
白色斑点，腹部有细细的黑色横纹。

tā men de jiào shēng lèi sì   bù gǔ   bù gǔ
它们的叫声类似"布谷、布谷"，

yīn cǐ yě bèi chēng wéi   bù gǔ niǎo
因此也被称为"布谷鸟"。

30

jù zuǐ niǎo de zuǐ fēi cháng cū dà　　zhàn shēn tǐ cháng
巨嘴鸟的嘴非常粗大，占身体长

dù de sān fēn zhī yī　　suī rán kàn qǐ lái hěn hǔ rén
度的三分之一，虽然看起来很唬人，

dàn yóu yú nèi bù chōng mǎn kōng qì　　shí jì shàng hěn qīng
但由于内部充满空气，实际上很轻、

hěn cuì ruò　　yī pèng dào yìng wù jiù kě néng suì liè
很脆弱，一碰到硬物就可能碎裂。

jù　　zuǐ　　niǎo
巨嘴鸟

你知道吗？

巨嘴鸟在树上通常是跳跃着前进的，在地面上走路时，为了保持平衡，它们会把两只脚分开很大，左右摇晃身体前进。

蜂 鸟

蜂鸟是世界上最小的鸟，因为振动翅膀时会发出像蜜蜂一样的"嗡嗡"声而得名。它们喜欢吃花蜜，偶尔也吃些小昆虫和小蜘蛛等。

吸蜜鸟

大多数吸蜜鸟的身材细长，翅膀长而尖，羽毛华丽，展翅飞翔时非常漂亮。它们有伸缩自如的长舌，舌尖像刷子，便于取食花蜜。

huà méi
画眉

huà méi de yǎn quān shì bái sè de　yǎn wěi chù yǒu yī tiáo
画眉的眼圈是白色的，眼尾处有一条
xiàng hòu yán shēn de bái méi　xì cháng rú huà　yīn cǐ dé míng
向后延伸的白眉，细长如画，因此得名
huà méi　huà méi de míng jiào shēng wǎn zhuǎn dòng tīng　tè bié shì
画眉。画眉的鸣叫声婉转动听，特别是
chǔ zài fán zhí jì jié de xióng niǎo　gē shēng gèng shì yùn wèi shí zú
处在繁殖季节的雄鸟，歌声更是韵味十足。

你知道吗?

画眉不仅有自己的专属声调，还能随时模仿其他
动物的声音，"口技"了得。

xǐ què
喜鹊

xǐ què de yǔ máo yán sè zhǔ yào wéi hēi sè
喜鹊的羽毛颜色主要为黑色，
chì bǎng gēn bù hé xià fù bù de yǔ máo wéi bái sè
翅膀根部和下腹部的羽毛为白色，
wěi yǔ hěn cháng　wú lùn zài chéng shì hái shi xiāng cūn
尾羽很长。无论在城市还是乡村，
rén men dōu kě yǐ kàn dào xǐ què　tā men bèi kàn
人们都可以看到喜鹊，它们被看
zuò shì jí xiáng de xiàngzhēng
作是吉祥的象征。

yàn zi shēn pī hēi lán sè de yǔ máo fù bù
燕子身披黑蓝色的羽毛,腹部
wéi bái sè wěi ba xiàng yī bǎ jiǎn dāo zhù cháo
为白色,尾巴像一把剪刀。筑巢
shí yàn zi huì xián lái ní ba hé cǎo jīng rán hòu
时,燕子会衔来泥巴和草茎,然后
yòng tuò yè jiǎo bàn zài yī diǎn diǎn tú mǒ zài fáng yán
用唾液搅拌,再一点点涂抹在房檐
xià de qiáng bì shang zuì zhōng qì chéng yī gè jǐn tiē
下的墙壁上,最终砌成一个紧贴
zhe qiáng bì xiàng xiǎo wǎn yī yàng de cháo
着墙壁、像小碗一样的巢。

yàn zi

燕 子

你知道吗?

燕子的记忆力很强,在人们的家
中筑巢后,往往连续几年都会认得家。

má què shì wǒ men zuì shú xi de
麻雀是我们最熟悉的
niǎo yǔ máo shì zōng hēi hùn hé de zá
鸟，羽毛是棕、黑混合的杂
sè yīn cǐ dé míng má què wú lùn shì
色，因此得名麻雀。无论是
zài xiāng cūn hái shi zài nào shì má què de
在乡村还是在闹市，麻雀的
shēn yǐng suí chù kě jiàn
身影随处可见。

má què
麻雀

你知道吗？

麻雀是群居的鸟类，秋季时往往会形成
数百只甚至数千只的鸟群，被称为"雀泛"。

huáng lí yǒu hěn duō zhǒng yì bān
黄鹂有很多种，一般
dōu yǒu xiān huáng sè de yǔ máo liǎn bù
都有鲜黄色的羽毛，脸部
cè miàn yǒu hēi wén míng jiào shēng wǎn zhuǎn
侧面有黑纹，鸣叫声婉转
dòng tīng tā men xǐ huan zài lín dì mì
动听。它们喜欢在林地觅
shí zhǔ yào yǐ kūn chóng zhí wù de
食，主要以昆虫、植物的
zhǒng zi hé guǒ shí wéi shí
种子和果实为食。

huáng lí
黄鹂

你知道吗？

黄鹂指的是一类鸟，而不是一种鸟。
我们平时说的黄莺，其实是黄鹂的一种。

36

乌鸦 wū yā

乌鸦浑身的羽毛都是黑色的，再加上叫声喑哑，因此得名乌鸦。它们喜欢群居在树林或田野，有时一群可以达到上万只。

夜莺 yè yīng

夜莺是一种小型鸟，羽毛呈暗褐色，生活在灌木丛和树林中。它们的叫声高亢明亮，喜欢在夜晚"歌唱"，因此得名夜莺。

你知道吗？

夜莺白天一般蹲伏在草地或树枝上休息，因为羽毛的颜色很像树皮，所以不容易被发现。

伯劳
bó láo

你知道吗?

伯劳喜欢将猎物插在树枝的尖刺上,只吃其中最柔软的部分。它们出没的地方,常能看到昆虫和爬行动物的干尸。

伯劳虽然长得小,但是很凶猛,是世界上最小的猛禽之一。它们的嘴尖端有锐利的弯钩,捕到猎物后可以立即将其撕裂,因此也被称为"屠夫鸟"。

百灵鸟
bǎi líng niǎo

你知道吗?

百灵鸟能在飞翔时变换各种动作,甚至可以扇动翅膀在空中悬停。

百灵鸟的羽毛呈深浅
bǎi líng niǎo de yǔ máo chéng shēn qiǎn

不一的褐色或栗色,有的
bù yī de hè sè huò lì sè yǒu de

种类长有漂亮的头羽。它
zhǒng lèi zhǎng yǒu piào liang de tóu yǔ tā

们经常在地面活动,会把
men jīng cháng zài dì miàn huó dòng huì bǎ

巢筑在低矮的灌木丛中。它
cháo zhù zài dī ǎi de guàn mù cóng zhōng tā

们喜欢在高空中鸣叫,因
men xǐ huan zài gāo kōng zhōng míng jiào yīn

其叫声婉转动听,又被称
qí jiào shēng wǎn zhuǎn dòng tīng yòu bèi chēng

为"鸟中歌手"。
wéi niǎo zhōng gē shǒu

39

灶鸟 zào niǎo

你知道吗？

灶鸟的泥巢里有一条只够一只成年灶鸟出入的通道，所以很少有捕食者会打扰到灶鸟宝宝。

灶鸟是一种小型鸟，羽毛一般为褐色或橄榄色。它们十分勤劳，会用泥土和干草打造出像炉灶一样简单又结实的"房子"。

zhī cháo niǎo
织巢鸟

你知道吗?

雄性织巢鸟将鸟巢织到一半时，会站在巢上载歌载舞，以此来吸引雌鸟，然后和雌鸟共同筑完另一半鸟巢。

wài xíng xiàng què de zhī cháo niǎo chēng
外形像雀的织巢鸟称

de shàng shì niǎo zhōng de biān zhī zhuān jiā
得上是鸟中的"编织专家"，

tā men huì xiān zài shù zhī shang zhī hǎo wū
它们会先在树枝上织好"屋

dǐng zài cóng shàng dào xià bù duàn chuān chā
顶"，再从上到下不断穿插

xīn de cái liào zuì hòu zhī chéng
新的材料，最后"织"成

yī gè píng zi zhuàng de cháo
一个瓶子状的巢。

cí xìng dú jiǎo xiān de tǐ xíng jiào xiǎo　méi
雌性独角仙的体形较小，没
yǒu jiǎo　 xióng xìng dú jiǎo xiān tóu dǐng yǒu yī gēn jiān
有角；雄性独角仙头顶有一根坚
yìng de　 mò duān fēn chà de dà jiǎo　 yī dàn yù
硬的、末端分叉的大角，一旦遇
dào lái zhēng duó shí wù de tóng lèi　 tā men jiù huì
到来争夺食物的同类，它们就会
chōng shàng qù　 yòng dà jiǎo shì wēi hé zhàn dòu
冲上去，用大角示威和战斗。

dú jiǎo xiān
独角仙

你知道吗？

独角仙的幼虫一般待在土壤或木屑堆里
不出来；成虫则会在黄昏时分爬到树干上，
吸食树木的汁液。

jīn guī zǐ
金龟子

金龟子是很常见的甲虫，种类有很多。每种金龟子都有一身坚硬的外衣——鞘翅。鞘翅的色彩千变万化，在阳光下总是闪烁着耀眼的光泽。

你知道吗？

虽然外表美丽，但金龟子是一种害虫，专吃植物的嫩茎和叶，会给庄稼造成很大的损害。

lì jīn guī
丽金龟

丽金龟身穿"铠甲"，在阳光下闪烁着铜绿或墨绿色的光泽。它们经常在黄昏时出来觅食，夜晚又会回到土穴里，既能躲避天敌，又能避免受冻。

yuán jīng
芫 菁

你知道吗？

芫菁幼虫以蜂卵或蝗虫卵为食，成虫则以花、叶为食。

yuán jīng zhǎng zhe yuán tǒng xíng de shēn
芫 菁 长 着 圆 筒 形 的 身

tǐ báo báo de chì bǎng jǐn tiē zài bèi shang
体，薄 薄 的 翅 膀 紧 贴 在 背 上，

xiǎo xiǎo de nǎo dai shang yǒu yī duì er cháng
小 小 的 脑 袋 上 有 一 对 儿 长

cháng de chù jiǎo cí yuán jīng de chù jiǎo shì
长 的 触 角。雌 芫 菁 的 触 角 是

sī zhuàng de xióng yuán jīng de chù jiǎo zé shì
丝 状 的，雄 芫 菁 的 触 角 则 是

jù chǐ zhuàng de
锯 齿 状 的。

天牛
tiān niú

tiān niú zhǒng lèi fán duō　yàng mào yě gè yǒu chā bié
天牛种类繁多，样貌也各有差别。
dà duō shù tiān niú de chù jiǎo dōu hěn cháng　chángcháng huì chāo
大多数天牛的触角都很长，常常会超
guò shēn tǐ de cháng dù　tā men de yòu chóng yī bān shēng huó
过身体的长度。它们的幼虫一般生活
zài shù mù zhōng　duì shù mù yǒu hěn dà wēi hài
在树木中，对树木有很大危害。

你知道吗？

天牛时常发出"咔嚓、咔嚓"的声音，
像是在锯树，所以也被称为"锯树郎"。

锹甲
qiāo jiǎ

xióng xìng qiāo jiǎ yǒng měng hào dòu　xiàng qián zi yī
雄性锹甲勇猛好斗，像钳子一
yàng de shàng è shì tā men qiáng dà de zuò zhàn wǔ qì　tā
样的上颚是它们强大的作战武器。它
men chángcháng huì yòng shàng è jǐn jǐn jiā zhù duì shǒu de dù
们常常会用上颚紧紧夹住对手的肚
zi jiāng tā jǔ qǐ lái　zài zhòngzhòng de shuāi dào dì shang
子将它举起来，再重重地摔到地上。

你知道吗？

繁殖时期，雌性锹甲会用上颚在朽木上刮
出裂痕，然后在里面产卵。

步甲
bù jiǎ

bù jiǎ yī bān yán sè àn dàn
步甲一般颜色暗淡，
qiào chì shǎn yào zhe jīn shǔ guāng zé tā
鞘翅闪耀着金属光泽。它
men de hòu chì yǐ jīng tuì huà bù shàn
们的后翅已经退化，不善
yú fēi xíng suǒ yǐ jīng cháng zài dì miàn
于飞行，所以经常在地面
shang huó dòng shì jiǎ chóng jiā zú zhōng
上活动，是甲虫家族中
de pá xíng gāo shǒu
的爬行高手。

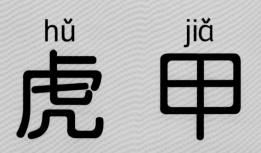

hǔ jiǎ
虎甲

虎甲头上长了一对儿发达的复眼，能够快速定位猎物的位置。有了这对儿"火眼金睛"，它们捕猎时就更加得心应手了。

hǔ jiǎ shēnchuān wǔ cǎi bān lán de　　kǎi jiǎ　　yīn wèi jìn
虎甲身穿五彩斑斓的"铠甲"，因为进
shí shí láng tūn hǔ yàn ér dé míng　　tā men shì lù dì shang yí dòng
食时狼吞虎咽而得名。它们是陆地上移动
zuì kuài de kūn chóng　měi miǎozhōngnéng yí dòng zì jǐ shēncháng
最快的昆虫，每秒钟能移动自己身长100
duō bèi de jù lí ne
多倍的距离呢！

qiāng láng
蜣 螂

你知道吗?

雌蜣螂会把卵产在粪球中,这样小蜣螂出生后就有现成的食物吃了。

qiāng láng qī xī zài fèn duī xià
蜣 螂 栖 息 在 粪 堆 下,

zhuān chī dòng wù fèn biàn sú chēng shǐ
专 吃 动 物 粪 便,俗 称 "屎

ke láng tā men cháng jiāng dà duī de fèn
壳 郎"。它 们 常 将 大 堆 的 粪

biàn gǔn chéng yī gè gè xiǎo qiú zài āi
便 滚 成 一 个 个 小 球,再 挨

gè er tuī jìn shì xiān wā hǎo de dòng xué
个 儿 推 进 事 先 挖 好 的 洞 穴

li chǔ cáng rán hòu màn màn xiǎng yòng
里 储 藏,然 后 慢 慢 享 用。

七星瓢虫
qī xīng piáo chóng

七星瓢虫是瓢虫的一种，是益虫，翅膀上有7个小黑点儿，圆圆的身子像一颗小豆子。别看它们个头儿小，很多强敌都拿它们没办法。

你知道吗？

七星瓢虫一旦遇到危险，就会立刻把脚收在肚子底下，躺着装死。

萤火虫
yíng huǒ chóng

萤火虫是一种腹部能发光的小飞虫，喜欢在夜间活动，它们的卵、幼虫、蛹和成虫都能发光。幼虫发光是为了"吓唬"天敌，雄性成虫则是靠发光来吸引雌性。

xiàng bí chóng
象鼻虫

象鼻虫个头儿小小的，却有一
根长长的"鼻子"，所以得名象鼻
虫。但其实这并不是它们的鼻子，
而是用来吃饭的嘴巴。

你知道吗？

一遇到危险，象鼻虫就会立刻躺倒，将 6 条腿紧紧
地收拢在肚子下面，装成死亡的样子来躲过敌人。

jí dīng chóng
吉丁虫

吉丁虫的身体窄而长，腹部末
端有些尖，身体的颜色很丰富，在
阳光下闪耀着多种光泽，丝毫不比
彩虹逊色，所以被喻为"彩虹的眼睛"。

你知道吗？

吉丁虫的幼虫会蛀食树木枝干，有时会使树
皮爆裂，所以它们也被称为"爆皮虫"。

隐翅虫

yǐn chì chóng shēn tǐ xì xiǎo　　bǐ mǎ yǐ dà bù
隐翅虫身体细小，比蚂蚁大不
liǎo duō shǎo　　 xǐ huan qī jū zài cháo shī de cǎo dì hé
了多少，喜欢栖居在潮湿的草地和
cài yuánzhōng　　 tā men de chì bǎng píng shí cáng zài qiào chì
菜园中。它们的翅膀平时藏在鞘翅
xià miàn　　 zhǐ yǒu zài fēi xíng shí cái zhǎn kāi　　 yīn cǐ
下面，只有在飞行时才展开，因此
dé míng yǐn chì chóng
得名隐翅虫。

你知道吗？

有一种毒隐翅虫，爬行时会把"屁
股"翘起，屁股末端常常有一小滴透亮
的液体，这是它们分泌的毒液。

zhú jié chóng

竹节虫

zhú jié chóng bèi chēng wéi　　 wěi
竹节虫被称为"伪
zhuāng dà shī　　 tā men de tǐ sè duō
装大师"，它们的体色多
wéi lù sè huò hè sè　　 pā zài shù shang
为绿色或褐色，趴在树上
shí jiù xiàng yī jié zài wēi fēngzhōng dǒu dòng
时就像一截在微风中抖动
de shù zhī
的树枝。

你知道吗？

大部分竹节虫的翅膀已经退化，但少
部分竹节虫仍有色彩鲜艳的翅膀，它们在
逃跑时会忽然打开翅膀，用一闪而过的彩
光来迷惑敌人。

帝王蝶
dì wáng dié

帝王蝶又称黑脉金斑蝶，橙色的翅膀上有明显的黑色斑纹。帝王蝶是唯一一种迁徙性蝴蝶，在北美洲，它们的迁徙距离有时长达3000千米。

蓝闪蝶
lán shǎn dié

蓝闪蝶是一种热带蝴蝶，也是巴西的国蝶。它们的身长只有4厘米左右，但翅膀打开后却能达到15厘米宽，相当于成年人的手掌长度。

你知道吗？

蓝闪蝶的翅膀本身并不是蓝色的，是由光线反射到翅膀鳞片上的小脊线而形成的颜色。

kū yè dié de chì bǎng jī hū hé
枯叶蝶的翅膀几乎和
kū shù yè yī mú yī yàng bù jǐn yǒu
枯树叶一模一样，不仅有
yè piàn hé yè bǐng hái yǒu shēn hè sè
叶片和叶柄，还有深褐色
de yè mài ne tā men zhǔ yào yǐ fǔ
的叶脉呢！它们主要以腐
làn de shuǐ guǒ zhí wù zhī yè hé dòng
烂的水果、植物汁液和动
wù fèn biàn wéi shí
物粪便为食。

kū yè dié
枯叶蝶

你知道吗？

枯叶蝶不仅善于伪装，而且飞
得又高又快。在遇到危险时，能够
迅速将自己融入周围的环境。

tòu chì dié
透翅蝶

透翅蝶翅膀边缘呈红色、橙色或深褐色，而翅膀中间却像玻璃一样透明，所以又被称为"玻璃翼蝶"。它们喜欢在雨林中贴地飞行，很难被人发现。

你知道吗？

透翅蝶和别的蝴蝶一样有 6 只脚。但由于它们胸前的那对儿脚很短，很难被发现，所以常被认为只有 4 只脚。

lù wěi dà cán é
绿尾大蚕蛾

绿尾大蚕蛾身披嫩绿色的"纱巾"，身后垂着两条轻盈的"飘带"，显得十分飘逸。它们的翅膀上长了两对儿"眼睛"，能起到吓退天敌、保护自己的作用。

é yǔ hú dié hěn xiàng　　bù tóng de shì　　hú dié yǒu xiǎo gǔ bàng yī yàng de chù jiǎo　　ér é de chù jiǎo

蛾与蝴蝶很像，不同的是，蝴蝶有小鼓棒一样的触角，而蛾的触角

tōngcháng shì　yǔ máozhuàng de　　é de shēnshang duō róng máo　　xǐ huan zài yè jiān huó dòng　　hú dié shēnshang de róng máo

通常是羽毛状的。蛾的身上多绒毛，喜欢在夜间活动；蝴蝶身上的绒毛

hěn shǎo　　jīng cháng zài bái tiān huó dòng

很少，经常在白天活动。

é

蛾

你知道吗?

蛾喜欢飞向有亮光的地方，这就是
趋光性，但有时它们也会因此而丧命。

bào chǐ é cháng zài bái tiān chū
豹尺蛾常在白天出
mò   shì é zi jiā zú zhōng de
没，是蛾子家族中的
lìng lèi   tā men tǐ sè xiān
"另类"。它们体色鲜
yàn   bù mǎn xiǎo hēi diǎn er de xìng
艳，布满小黑点儿的杏
huáng sè chì bǎng jiù xiàng yáng guāng bān
黄色翅膀就像阳光般
yào yǎn duó mù
耀眼夺目。

bào   chǐ   é
豹尺蛾

你知道吗？

可以从肚子上区分豹尺蛾和蝴蝶。蝴
蝶的肚子细长，绒毛也较少；豹尺蛾的肚
子又短又胖，绒毛较多。

尺蠖
chǐ huò

chǐ huò shì chǐ é de yòu chóng
尺蠖是尺蛾的幼虫，
yǐ zhí wù de yè zi wéi shí tā men
以植物的叶子为食。它们
pá xíng shí huì yī gǒng yī gǒng de xiàng qián
爬行时会一拱一拱地向前，
suǒ yǐ yòu bèi chēng wéi gōng yāo chóng
所以又被称为"弓腰虫"。

你知道吗？

当尺蠖遇到危险时，会立刻僵直身体，伪装成一根小树枝，一动不动。

蚕
cán

cán shì cán é de yòu chóng yī shēng yào jīng lì luǎn qī
蚕是蚕蛾的幼虫，一生要经历卵期、
yòu chóng qī yǒng qī chéng chóng qī gè jiē duàn dà yuē yǒu
幼虫期、蛹期、成虫期4个阶段，大约有
tiān de shēng mìng gāng cóng luǎn zhōng fū huà chū lái de cán bǎo bao
56天的生命。刚从卵中孵化出来的蚕宝宝
hēi de xiàng mǎ yǐ bèi chēng wéi yǐ cán tā men yǐ sāng
黑得像蚂蚁，被称为"蚁蚕"，它们以桑
yè wéi shí shēn tǐ huì zhú jiàn biàn chéng bái sè
叶为食，身体会逐渐变成白色。

蜜 蜂
mì　　　fēng

蜜蜂家族里有蜂王、雄蜂和工蜂 3 类成员。蜂王负责管理整个家族和繁衍后代；雄蜂负责配合蜂王繁衍后代；工蜂最辛苦，负责筑巢、采蜜和养育幼蜂等。

胡 蜂
hú　　　fēng

胡蜂的身体比蜜蜂细长，胸部也不像蜜蜂那样看起来毛茸茸的。它们和蜜蜂一样，也是组成小集体生活的。大多数胡蜂属于肉食性昆虫，蜂巢里没有蜂蜜。

你知道吗？

马蜂是胡蜂家族里的一个重要成员，它们的尾刺非常厉害，不仅有毒，而且可以反复蜇刺。

mǎ yǐ shēng huó zài shì jiè de gè
蚂蚁生活在世界的各
gè jiǎo luò zài mǎ yǐ dà jiā zú
个角落。在蚂蚁大家族
li mǎ yǐ fēn wéi yǐ hòu cí
里，蚂蚁分为蚁后、雌
yǐ xióng yǐ gōng yǐ bīng yǐ jǐ
蚁、雄蚁、工蚁、兵蚁几
dà lèi tā men fēn gōng míng què guò
大类。它们分工明确，过
zhe jǐng rán yǒu xù de shēng huó
着井然有序的生活。

mǎ yǐ
蚂蚁

你知道吗?

蚂蚁喜欢吃一种蚜虫的粪
便，所以，它们有时会"饲养"
蚜虫，供自己"享用"。

59

织叶蚁
zhī yè yǐ

织叶蚁是一种善于用树叶筑巢的蚂蚁。织叶蚁幼虫吐出的丝很结实,能够牢牢粘住叶片的边缘,筑巢时,它们会像织布一样把叶片"缝"起来。

白蚁
bái yǐ

白蚁虽然也叫"蚁",但和蚂蚁是两种不同的昆虫。白蚁是昆虫中杰出的建筑师,它们的巢穴非常壮观,有的甚至能达到几米高,而且结构十分复杂。

你知道吗?

白蚁的巢穴干燥后十分坚固,摸上去像水泥筑的一样坚硬。

chán de zuǐ ba xiàng zhēn guǎn yī yàng kě
蝉的嘴巴像针管一样，可
yǐ chā rù shù gàn   xī shí shù de zhī yè
以插入树干，吸食树的汁液。
xióng chán de fù bù yǒu liǎng piàn yuán xíng de fā
雄蝉的腹部有两片圆形的"发
shēng qì   xiàng méng shàng le yī céng gǔ mó de
声器"，像蒙上了一层鼓膜的
dà gǔ   gǔ mó gāo sù zhèn dòng jiù kě
"大鼓"，鼓膜高速震动就可
yǐ fā chū jiān ruì xiǎng liàng de shēng yīn
以发出尖锐响亮的声音。

chán
蝉

你知道吗？

蝉的背上出现黑色裂缝时就开始蜕皮，
蜕下的壳叫"蝉蜕"，是一种常用中药。

椿象

chūn xiàng

椿象的俗名叫"臭大姐""放屁虫"。它们身上有臭腺，如果用手触碰它们，手就会沾上臭气，长时间都不会散去。这种臭气正是椿象保护自己的武器。

蚜虫

yá chóng

蚜虫身体柔软，大小和针头差不多。它们常成群附着在植物的叶片、花、嫩茎等部位吸食汁液，会严重阻碍植物生长，甚至导致植物枯死，因此被称为"植物克星"。

huángchóng de tǐ sè duō wéi lǜ sè huò hè sè   tā men yǒu zhe
蝗虫的体色多为绿色或褐色，它们有着
jiān yìng de kǒu qì   hòu tuǐ qiáng jìng yǒu lì   shàn yú tiào yuè   yī
坚硬的口器，后腿强劲有力，善于跳跃。一
gè dà de huángchóng qún měi tiān kě yǐ chī diào shàng wàn dūn shí wù   huì
个大的蝗虫群每天可以吃掉上万吨食物，会
duì zhuāng jia zào chéng fēi cháng yán zhòng de yǐng xiǎng
对庄稼造成非常严重的影响。

huáng　　chóng

蝗 虫

你知道吗？

蝗虫的卵是产在地下的。雌蝗虫会将尾部的产卵管
插入土中产卵，每一个卵囊都能孵化出上百只幼虫。

蟋蟀
xī shuài

你知道吗？

蟋蟀的幼虫很像小型的成虫，但是没有翅膀。它们不断地进食后会蜕皮，经过6次蜕皮，就变成真正的成虫了。

蟋蟀俗称蛐蛐儿，长着细长的触角，善于咬斗，生活在野草地、农田、瓦砾堆中。蟋蟀的"叫声"并不是出自嘴巴，而是摩擦翅膀发出来的。

蝬斯
zhōng sī

蝬斯外表和蝗虫有点儿像，但它们的触角比蝗虫更细、更长。雄性蝬斯常常会通过摩擦翅膀"奏乐"来吸引雌性。

64

cāng yíng
苍蝇

duì cāng yíng lái shuō　　xún zhǎo shí wù
对苍蝇来说，寻找食物、
fán zhí hòu dài huò xǔ jiù shì shēng huó de quán bù
繁殖后代或许就是生活的全部
nèi róng　　cāng yíng zǒng ài chéng qún jié duì de pái
内容。苍蝇总爱成群结队地徘
huái zài lā jī zhōu wéi xún zhǎo shí wù　　zài zhè
徊在垃圾周围寻找食物，在这
ge guò chéng zhōng　　tā men yě chéng le chuán bō bìng
个过程中，它们也成了传播病
jūn de　　huò shǒu
菌的"祸首"。

你知道吗?

苍蝇的味觉器官长在"脚"上，它们经常通过"搓脚"来清理脚上的食物，以便提高味觉的灵敏度。

wén zi
蚊子

wén zi shì yǒu míng de　　xī xuè
蚊子是有名的"吸血
guǐ　　yǒu de hái huì chuán bō jí bìng
鬼"，有的还会传播疾病。
dàn bìng bù shì suǒ yǒu de wén zi dōu dīng
但并不是所有的蚊子都叮
rén　　shí jì shàng　　zhǐ yǒu cí wén zi
人，实际上，只有雌蚊子
cái dīng rén　　xióng wén zi zhǔ yào yǐ huā
才叮人，雄蚊子主要以花
mì　　zhí wù zhī yè wéi shí
蜜、植物汁液为食。

qīng tíng
蜻 蜓

你知道吗?

蜻蜓在水面上飞行时，常常会用尾巴轻轻地点水，其实它们是在产卵。

qīng tíng yǒu xì cháng de shēn tǐ hé liǎng
蜻蜓有细长的身体和两
duì er tòu míng de chì bǎng tā men de fēi xíng
对儿透明的翅膀。它们的飞行
néng lì hěn qiáng néng tū rán qǐ fēi jí
能力很强，能突然起飞、急
sù zhuǎn wān dào fēi cè fēi shèn zhì
速转弯、倒飞、侧飞，甚至
hái huì chuí zhí fēi xíng ne
还会垂直飞行呢！

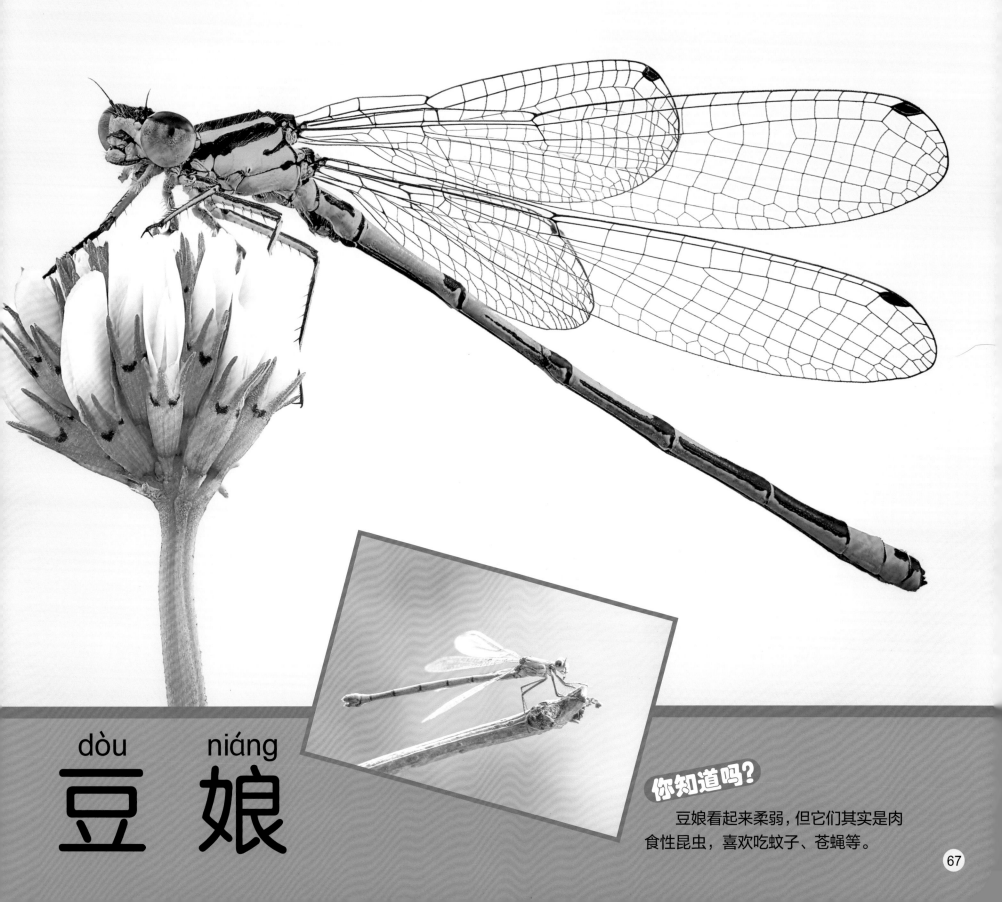

dòu niáng hé qīng tíng shì jìn qīn　　dàn dòu niáng de shēn tǐ　bǐ qīng tíng xiǎo hěn duō　　fēi de yě bǐ jiào màn
豆娘和蜻蜓是近亲，但豆娘的身体比蜻蜓小很多，飞得也比较慢。

xiū xi shí　　qīng tíng huì zhǎn kāi chì bǎng　　ér dòu niáng zé huì jiāng chì bǎng hé qǐ lái
休息时，蜻蜓会展开翅膀，而豆娘则会将翅膀合起来。

dòu　　　　niáng
豆　　娘

你知道吗?

豆娘看起来柔弱，但它们其实是肉食性昆虫，喜欢吃蚊子、苍蝇等。

táng láng
螳螂

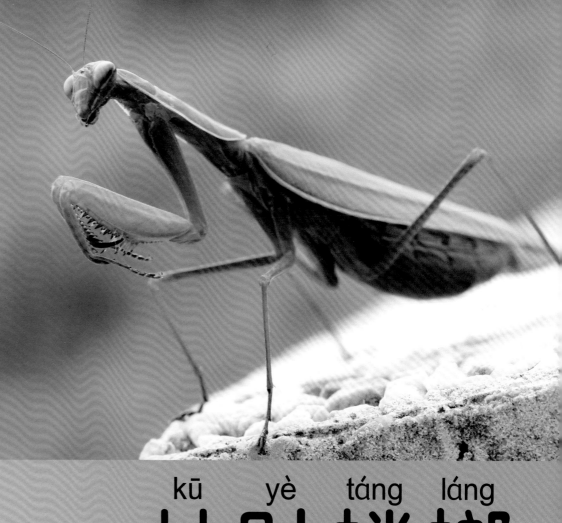

螳螂是一种十分凶猛的肉食性昆虫，平时主要吃蝗虫、苍蝇、蚊子、蝶、蛾等。它们两三个月就能吃掉 700 多只蚊虫。

kū yè táng láng
枯叶螳螂

枯叶螳螂是螳螂中的伪装高手。它们总是静静停在树枝上，合拢的双翅酷似一片完整的树叶，连 6 条腿都特别像枯叶的叶柄！

兰花螳螂

lán huā táng láng de wěi zhuāng néng lì fēi cháng qiáng tā
兰花螳螂的伪装能力非常强,它
men néng bǎ zì jǐ wěi zhuāng de hé lán huā yī mú yī yàng jiù
们能把自己伪装得和兰花一模一样,就
lián tuǐ dōu néng zhǎng chéng lán huā huā bàn de yàng zi kào
连腿都能"长"成兰花花瓣的样子。靠
zhe yǐ jiǎ luàn zhēn de wěi zhuāng shù lán huā táng láng chéng le
着以假乱真的伪装术,兰花螳螂成了
zhēn zhèng de shì xuè lán huā
真正的"嗜血兰花"。

跳蚤

tiào zao

跳蚤是一种寄生虫，寄生在其他动物或人的身体上，靠吸食他们的血液为生。跳蚤没有翅膀，不会飞，却是动物界数一数二的跳高强者，能一下子跳到自己身高几百倍的高度。

你知道吗？

现在的跳蚤体形很小，通常只有 1~3 毫米，但大约 1.65 亿年前的跳蚤身长能达到两厘米，跟蟋蟀差不多大。

草蛉

cǎo líng

草蛉是一种浅绿色的小昆虫，有着苗条的身材和两对儿大而透明的翅膀。它们是灭虫能手，主要的食物是蚜虫和一些其他农业害虫。

你知道吗？

草蛉幼虫的捕虫本领一点儿也不比成虫差，因为它们捕食蚜虫十分凶猛，所以也被称为"蚜狮"。